Le Vignoble

DE LA

MAISON-BLANCHE

Près Reims

Sa Création & sa Culture

Par Jules BOUTON

PROPRIÉTAIRE-VITICULTEUR

REIMS

MATOT-BRAINE, IMPRIMEUR-LIBRAIRE-ÉDITEUR

Henri MATOT (A. ❀), Fils et Successeur

6, Rue du Cadran-Saint-Pierre, 6

1902

Le Vignoble

DE LA

MAISON-BLANCHE

Près Reims

Sa Création & sa Culture

Par Jules BOUTON

PROPRIÉTAIRE-VITICULTEUR

REIMS
MATOT-BRAINE, IMPRIMEUR-LIBRAIRE-ÉDITEUR
Henri MATOT (A ✿), Fils et Successeur
6, Rue du Cadran-Saint-Pierre, 6
—
1902

LE VIGNOBLE

DE LA

MAISON-BLANCHE

Plantation & Récoltes

En 1893-94, l'idée me vint de planter de la vigne à dix mètres de ma ferme, dans une terre d'environ 75 ares. Le sol se prêtait très bien comme exposition à cette culture, mais il lui manquait cependant beaucoup de terre végétale.

Pour obtenir un terrain convenable, je n'ai nullement reculé devant de fortes dépenses en y amenant une quantité de sable, 220 mètres cubes environ, provenant du village d'Ecueil, situé à 6 kilomètres de chez moi ; en outre, j'y fis un apport de différentes sortes de terre végétale prise aux environs de mon exploitation ; aujourd'hui ma vigne a une profondeur de sol de 50 centimètres, profondeur suffisante pour pouvoir assurer une bonne récolte en vins.

Ayant commencé à faire défoncer à 45centimètres, afin que

les racines ne soient pas sur le terrain dur et puissent s'enfoncer sans être gênées d'aucune manière, j'ai alors planté ma vigne en rayons, c'est-à-dire en lignes espacées de 80 centimètres avec 40 centimètres d'écartement d'un cep à l'autre, ce qui me donne 12.000 pieds à l'hectare.

Le plant employé se composait de : Vert doré d'Ay, de Pinot noir de Verzenay et de Rilly-la-Montagne.

En 1895, la sécheresse fit périr 1.200 pieds qu'il me fallut remplacer ; ce contre-coup me fut très préjudiciable.

L'année suivante, nouvelle sécheresse qui m'occasionna une perte de 600 pieds, que j'ai dû remplacer à nouveau.

Dès lors, ma vigne ne fit que prospérer, comme en témoignent les résultats suivants :

Années	Récoltes
1897	8 hectol.
1898	16 —
1899	10 —
1900	10(1) —
1901	60 —

Cette dernière année a été pour moi, on peut le dire, exceptionnelle. D'ailleurs, la Commission des Vignes, déléguée par le Comice de Reims, lors de son passage, avait évalué la récolte à environ 40 hectolitres.

Travaux annuels

Les travaux que je fais exécuter en janvier, consistent en transport de terreau et compost, mélanges de différentes sortes de terre : sable, cendres de bois, cendres pyriteuses de Mailly, terre rouge sableuse, le tout suivi d'un arrosage en liquide d'engrais humain et accompagné d'un rentrage dans les vignes à la hotte, dont le prix de revient peut être fixé à 1 franc le mètre cube.

En février, j'opère l'épandage à la main du sulfate de fer

(1) Ce chiffre aurait été de beaucoup surpassé, si la gelée du 19 au 20 mai n'était venue anéantir la préparation qui s'était montrée des plus belles.

à raison de 400 kilogr. à l'hectare, à l'effet de faire périr toutes espèces de vers nuisibles.

Mars étant arrivé, je fais la taille sur trois ou quatre yeux, après quoi il est procédé au houage, au provignage et au recouchage des ceps, point essentiel pour avoir qualité, bouquet et finesse dans un vin destiné à la fabrication du Champagne, car, pas de recouchage, pas de qualité.

Le moment est alors venu de prendre tous les ceps dignes d'intérêt que l'on a marqués la veille de la vendange, ceps qui ont été sectionnés pour être plantés en création nouvelle ou pour remplacer les manquants. La taille est terminée avant le départ de la végétation (mars et avril).

Lors du rentrage, je conserve toujours un rayon de 80 sur 40 d'un cep à l'autre. Aussitôt le houage terminé, je pratique le piochage ou sarclage et je commence à piquer et à mettre les échalas en place.

Ceci fait, mon premier devoir est de visiter mes vignes au moins tous les deux jours : je vois ainsi ce qui peut survenir d'alarmant au sujet des insectes nuisibles et des maladies cryptogamiques.

En avril, je tends mes toiles-abri par crainte de gelée, de manière à ce que le soleil, en se levant, ne vienne pas griller le bouton (1re façon ou saison).

En mai, je donne un labour léger, et je commence s'il y a lieu, le premier traitement préventif contre l'oïdium et le mildew (2e façon ou saison).

Je fais faire très attentivement le soufrage (liquide Nicotine Tardieu), par le pulvérisateur.

Vers le 20 mai, on procède à l'ébourgeonnement et au pincement pour enlever les bois inutiles lorsqu'ils ont 35 à 45 centimètres.

Durant le mois de juin, à la 3me façon ou saison, je fais le nécessaire pour nettoyer, ameublir, aérer et rafraîchir le sol, j'applique ensuite le deuxième traitement préventif contre l'Oïdium, le Mildew, le Black rot ; je le répète surtout en cas d'envahissement des maladies, malgré ces précautions, j'emploie préventivement le sulfate de cuivre et la chaux vive dans la proportion de 2 kilos de sulfate et 1 kilo de chaux vive pour un hectolitre d'eau.

Je pratique le deuxième sulfatage vers le 15 juin après le nouage fait : quant au troisième, il a lieu vers le 25 juillet ou dans les premiers jours d'août, avant le changement de couleur du raisin.

En juillet, j'enlève les repousses et les drageons (dernière façon ou saison superficielle pour rafraîchir la terre), je soufre et je pratique le traitement contre les champignons parasites, je lie lorsque la végétation a passé par-dessus les échalas ; le liage définitif se fait à 15 centimètres au-dessous du sommet de ceux-ci. J'opère ce travail au commencement du mois.

Une dizaine de jours après le liage, je coupe les faux bourgeons connus sous le nom d'ailerons.

Il est à remarquer, qu'après cette opération, la sève circule partout, surtout quand les engrais ont été mis en conséquence et de qualité excellente : c'est-à-dire du fumier, additionné de sable, de terre végétale, de cendres de fourneau et pyriteuses, le tout étant resté une année en compost.

Je ne saurais trop répéter que sans engrais, pas de verdure, pas de fruits, ni degré, ni bouquet.

Et pour donner la vie, la richesse à mon sol : j'y répands rationnellement une épaisseur de terreau de 5 à 15 centimètres, des engrais chimiques, un peu de superphosphate semé en couverture au printemps et à la bêcherie, élément indispensable à la vigne ; en outre, je mets 125 mètres de fumier pur à l'hectare en profitant des gelées pour les conduire. Si je le juge à propos, je fais faire le charroi en trois ans. Et si, par hasard, je rencontre des plants maladifs, je sème en couverture, 30 à 40 grammes de nitrate de soude. J'ai toujours remarqué que cette opération produisait bon effet à la plante en lui donnant un nouvel élan de vie.

Principaux Ennemis de la Vigne

Après l'explication des travaux que je fais subir à ma vigne annuellement, je vais parler sommairement des principaux ennemis que j'ai à combattre : la Cochylis, la Pyrale, la Bèche, le Gribouri et le Phylloxéra.

Tout d'abord, je rencontre la *Cochylis*, ver rouge, qui fait son apparition, la première fois en avril et mai, la seconde fois en juillet. On peut la considérer comme un de nos plus terribles ennemis, car elle commet des dégâts considérables. Les chenilles des cochylis mangent au printemps la fleur de la vigne et à l'automne le grain.

Puis c'est la *Pyrale* ou *Ver de l'été*, ver blanc, qui accomplit ses ravages au débourrage et à la floraison, elle monte sur les sarments, attaque les jeunes bourgeons et mange les feuilles.

Vient le *Charançon* ou *Bèche-Culasse*, insecte noirâtre ou gris, qui mange également les jeunes bourgeons au printemps

Quant au *Gribouri*, c'est l'ennemi le plus terrible pour nos vignes de Champagne, qu'il réduit le plus souvent à l'état de pépinières. Il apparaît au moment de la sève, ronge les parenchymes des feuilles en faisant des zigzags. Aucun moyen efficace n'est connu pour le détruire ; néanmoins, j'ai remarqué que les poulets en détruisaient beaucoup.

Je n'ai jamais eu personnellement à combattre le *Phylloxéra*, mais je sais qu'il est très facile de s'apercevoir de sa présence dans une vigne. On le reconnaît par l'état de faiblesse de ladite vigne, puis à l'automne les ceps jaunissent avec un arrêt de végétation bien marqué.

Dans le cas de doute sur sa présence, le moment propice de m'en rendre compte, serait en juin et juillet, en déracinant quelques ceps et en examinant attentivement les jeunes radicelles.

Du côté des végétaux parasitaires, j'ai à craindre l'Oïdium, le Mildew et le Black-rot.

L'*Oïdium* est une des premières maladies cryptogamiques

de la vigne française ; il fut découvert en Angleterre en 1845 et s'introduisit rapidement en France. L'action du soufre sur l'Oïdium est efficace.

C'est un cryptogame qui se révèle par de petites taches blanchâtres, sur les extrémités des bourgeons et des jeunes feuilles ; ces taches s'étendent et prennent une couleur gris-blanc et noirâtre, et arrêtent les rameaux dans leur croissance.

L'ensemble du cep prend alors un aspect chétif et rabougri ; la maladie envahit le raisin vers la fin de juillet ; le mycélium se développe, les grains des grappes ne peuvent plus grossir et le fruit ne mûrit pas.

J'agis préventivement pour combattre l'Oïdium ; la quantité de soufre nécessaire à l'hectare est de 30 à 35 kilos. Je fais le premier soufrage au départ de la végétation, au moment où les bourgeons ont atteint 8 à 10 centimètres de longueur.

Le *Mildew* est venu d'Amérique vers 1878 ou 1882, époque où il fut constaté dans la Marne. Il s'introduit à l'intérieur des organes et des feuilles.

Il faut nécessairement que tous nos efforts s'unissent pour empêcher ces maladies de se propager. Pour cela, nous devons combattre résolument tous nos petits ennemis : la Cochylis, la Pyrale, le Gribouri, etc., ravageurs qui amèneraient fatalement la ruine de nos beaux vignobles champenois.

C'est donc faire œuvre utile que de détruire et de chercher à anéantir par tous les moyens possibles, ces redoutables insectes et leurs progénitures, pour conserver à notre belle région, sa vieille renommée de productrice de l'excellent vin de Champagne.

Après avoir prodigué tous mes soins pendant plusieurs mois à ma vigne, j'arrive au mois d'août, période où j'ai encore un terrible fléau à redouter. Je veux parler de la grêle. Celle-ci vient malheureusement anéantir trop souvent, et en quelques instants, les fruits laborieux d'une année entière d'efforts.

Vendange et Pressurage

Si je suis assez heureux d'échapper à la grêle, j'arrive alors, avec le mois de septembre, à la période des dernières chaleurs qui doivent donner au raisin sa maturité complète.

La vendange se fait le plus souvent à la fin de ce mois. Je n'entrerai pas dans les détails que nécessite la récolte du raisin. Celle-ci une fois terminée, je fais porter les grappes au pressoir.

Ce dernier est chargé d'environ 840 kilos de raisin, et j'obtiens après le pressurage :

4 hectolitres de vin 1re cuvée.
35 litres de première taille.
35 litres de deuxième taille.

Quant au vin de la dernière taille, auquel j'ajoute une petite quantité de sucre, il donne une boisson très économique servant aux besoins journaliers.

J'opère le premier soutirage trois heures après le vin fait ; puis le deuxième à la fin du mois d'octobre. Au mois de janvier, si mon vin n'est pas livré au commerce, je le descends en cave, en ayant soin de le visiter souvent. Avant la mise en bouteilles, je fais le collage en me servant de la colle d'esturgeon.

Nouvelle création de Vignes

Je ne peux terminer cette notice sans consacrer quelques lignes à ma nouvelle plantation de vigne faite en 1900-1901 sur soixante-quinze ares attenant également à mon domaine de la *Maison-Blanche*.

Le plant préparé en Vert doré d'Ay, de Pinot noir de Verzenay et de Rilly-la-Montagne, s'accommode très bien du sol auquel je fis également d'importants apports de terre. Je n'ai, d'ailleurs, que satisfaction dans la marche constante et progressive de cette nouvelle vigne.

Ayant employé le système Guyot, je pratique le recouchage

tous les deux ans, je fais un labour à la charrue six ou sept fois dans l'année.

Cette plantation, qui ne comprend pas moins de 3.000 ceps à l'hectare, est disposée de façon à pouvoir mettre des fils de fer pour relever les ceps au passage de la charrue.

Je compte planter le surplus de la pièce, soit 50 ares environ, en système champenois avec le Vert doré d'Ay et le Pinot noir de Verzenay et Rilly. Cette plantation terminée, j'aurai ainsi une superficie de deux hectares de vigne.

A cause des travaux importants que nécessite la culture de mon vignoble, toujours tenu avec le plus grand soin, j'ai dû m'associer un ménage de vignerons, homme et femme, logés à ma ferme, et qui me secondent avec intelligence et conscience.

Récompense

Dans le courant de l'année 1901, la Commission chargée de la visite des vignes dans les quatre cantons de Reims, est venue, en deux fois différentes, examiner ma vigne et elle m'a décerné, au concours qui a eu lieu à Reims, du 15 au 18 août, une *médaille de vermeil* grand module pour les soins constants apportés à la culture de mon vignoble dont elle a reconnu en outre, la tenue remarquable.

FERME DE LA MAISON-BLANCHE

Je clos cet exposé succinct en disant un mot de mon exploitation rurale connue sous le nom de *Maison-Blanche*, située aux portes de Reims.

A ce sujet, je ne saurais mieux faire que de rappeler les lignes que M. Alfred Lequeux, secrétaire général du Comice central de la Marne, consacrait déjà à mon exploitation, dans son rapport sur les Prix culturaux décernés à Reims le 15 août 1880 :

« M. Jules Bouton, propriétaire à la *Maison-Blanche*, « exploite à quelques kilomètres de Reims, avec une grande « ardeur, 28 hectares d'un sol de mauvaise nature, mais dont « il a su tirer un bon parti.

« Les bâtiments nombreux sont bien tenus et installés d'une « façon commode. La tenue des fumiers et l'introduction des « engrais liquides ont attiré particulièrement l'attention de la « Commission, qui a constaté aussi la présence d'un excellent « troupeau de 225 têtes. M. Bouton, dont les ressources sont « relativement modestes, s'est imposé de sérieux sacrifices « pour l'acquisition d'instruments agricoles. »

D'autre part, voici ce qu'en disait, en 1888, dans son rapport de la Commission de visite des fermes, M. Théodore Maldan, le regretté vice-président du Comice Agricole de Reims :

« Blé	8	hectares
« Seigle	5	—
« Avoine	8	—
« Luzerne	5	—
« Betteraves	25	ares.

« Outre ses fumiers, le concurrent emploie des vidanges dont « il a un dépôt à sa portée, et il récolte en moyenne 25 hecto- « litres de blé et de seigle et 30 hectolitres d'avoine à l'hec- « tare.

« Le cheptel comprend trois bons chevaux, six vaches à « lait et cinq élèves. L'intérieur de l'habitation est très bien « aménagé. M. Bouton a ajouté aux locaux primitifs plusieurs « bâtiments bien compris, et pour remédier à la rareté de « l'eau sur le plateau élevé qu'il occupe, il a construit deux « citernes d'une capacité de mille hectolitres, où vient s'em- « magasiner l'eau des pluies qui tombe sur les toits.

« Beaucoup d'ordre dans la ferme : nous y avons remarqué « un atelier de forge et de charronnerie, un clapier installé « avec soin, et une basse-cour peuplée de très beaux sujets. »

Le terrain cultivable comprend aujourd'hui 50 hectares divisés en 22 parcelles de 2 hect. 30 environ chacune.

L'assolement de cette année était celui-ci :

Blé	14	hectares.
Seigle	12	
Avoine et orge	10	—
Foin	10	—
Versaine jachère	4	—

Ma cavalerie se compose de quatre chevaux que j'utilise pour la culture et pour les charrois servant à ma vigne.

Comme amendement pour ma culture, j'emploie le fumier de ferme, les engrais chimiques et humains, etc. ; quant aux instruments aratoires, je possède les derniers modèles livrés à ce jour par les maisons spéciales les plus renommées.

Je vends tous mes produits au commerce, ne consommant rien à la ferme.

J'ajouterai en terminant cet aperçu que j'emploie comme ouvriers agricoles un homme et sa femme, logés également à la ferme, prenant des auxiliaires lorsque le travail l'exige, notamment pendant la moisson.

Récompenses

Je me permets d'ajouter, après les quelques lignes consacrées à ma ferme, les récompenses qui m'ont été décernées pour mon exploitation agricole par le Comice Central de la Marne et par le Comice Agricole de Reims.

En 1864 : Une prime comme encouragement à la race chevaline.

En 1880 : Une médaille de vermeil, grand module pour l'excellente tenue de mon exploitation.

En 1888 : une médaille de vermeil, grand module, pour la bonne tenue de ma ferme et l'ingénieux aménagement des eaux.

Comme membre titulaire du Comice agricole de notre arrondissement, j'ai été appelé différentes fois à faire partie des Commissions, à l'occasion des Concours organisés par cette importante Société, dans les divers cantons de notre circonscription.

JULES BOUTON,
AGRICULTEUR-VITICULTEUR

Maison-Blanche (Reims), le 1er Mars 1902.

56762 Reims. — Imprimerie MATOT-BRAINE, rue du Cadran-Saint-Pierre, 6.

www.ingramcontent.com/pod-product-compliance
Lightning Source LLC
LaVergne TN
LVHW050235180726
843501LV00014BA/4268

* 9 7 8 2 3 2 9 6 1 8 9 8 2 *